Alice Neht

Die Technologieregion Oxford

GRIN Verlag

Bibliografische Information der Deutschen Nationalbibliothek:

Die Deutsche Bibliothek verzeichnet diese Publikation in der Deutschen National-
bibliografie; detaillierte bibliografische Daten sind im Internet über http://dnb.d-
nb.de/ abrufbar.

Impressum:

Copyright © 2011 GRIN Verlag GmbH
Druck und Bindung: Books on Demand GmbH, Norderstedt Germany
ISBN: 978-3-656-63766-0

Dieses Buch bei GRIN:

http://www.grin.com/de/e-book/271682/die-technologieregion-oxford

GRIN - Your knowledge has value

Der GRIN Verlag publiziert seit 1998 wissenschaftliche Arbeiten von Studenten, Hochschullehrern und anderen Akademikern als eBook und gedrucktes Buch. Die Verlagswebsite www.grin.com ist die ideale Plattform zur Veröffentlichung von Hausarbeiten, Abschlussarbeiten, wissenschaftlichen Aufsätzen, Dissertationen und Fachbüchern.

Besuchen Sie uns im Internet:

http://www.grin.com/

http://www.facebook.com/grincom

http://www.twitter.com/grin_com

RWTH Aachen

Institut für Geographie

Hausarbeit zum 05.12.2011

Die Technologieregion Oxford

\

Alice Neht

1. Fachsemester

M.Sc. Wirtschaftsgeographie

Inhaltsverzeichnis

Abbildungsverzeichnis

Tabellenverzeichnis

1 Einleitung

Seit den Achtzigern haben starke Umstrukturierungen die Wirtschaft in Großbritannien verändert. Diese bestanden daraus, dass Rationalisierungen im Großhandel, die Schließung von Fabriken, sowie die Entwicklung und Implementierung neuer Produktionstechnologien stattfanden. Dadurch veränderten sich die Arbeitsweisen, eine maßgebliche Verbreitung neuer und kleiner Unternehmen erfolgte und ausländische multinationale Konzerne tätigten bedeutende Inlandsinvestitionen in Großbritannien. Weitere Einflüsse auf den Strukturwandel in der britischen Wirtschaft bildeten die globale Rezession und die durch die Globalisierung zunehmende Konkurrenz. In diesem Kontext spielte die hochtechnologische Industrie eine bedeutende Rolle. Sie wird von vielen Experten als Teil einer technologischen Revolution der westlichen Wirtschaftssysteme gesehen. Diese Revolution zeichnet sich dadurch aus, dass sie sich auf den Erfindungen im Bereich der Mikroelektronik, Computer- und der neuen Informationstechnologien gründet und als neue fünfte lange Welle eines Kondratieff-Zyklus erklärt werden kann (vgl. KEEBLE 1991, S. 21).

Gleichzeitig entwickelte sich in den frühen Achtzigern in Großbritannien die Avantgarde des akademischen Kapitalismus (vgl. SLAUGHTER U. LESLIE 1999, S. 13). Im Jahr 1982 begannen die ersten Universitäten in Großbritannien sogenannte technology transfer offices (TTO) zu gründen. Die Aufgabe dieser TTO ist der Technologietransfer, welcher „*forschungsbedingte Wirkungen aus Hochschulen und Forschungseinrichtungen*" umfasst (FROMHOLD-EISEBITH 1992, S. 9). Als die Labour Partei 1997 die Regierung bildete, wurde diese Entwicklung dahingehend vorangetrieben, dass Universitäten von der Regierung nicht nur mehr Zuwendungen im Bereich der Forschung, sondern auch für unternehmerische Tätigkeiten erhielten. Diese Veränderung der Rolle der Universität zu einer ‚unternehmerischen Universität' fand erst in den USA statt, setzte sich dann in Großbritannien durch und verbreitete sich letztendlich weltweit. Somit steht dieser Typ von Universität an der Schnittstelle zwischen Forschung und Unternehmen und stellt somit ein Ergebnis der beiden obengenannten Entwicklungen dar (vgl. LAWTON SMITH U. HO 2006, S. 1ff.).

Ziel der vorliegenden Arbeit soll die Darstellung der Akteure und Faktoren des Zusammenspiels sein, welches zu den besonderen regionalen Mustern der Interaktion zwischen Firmen und der Universität Oxford in der Technologieregion Oxford führen. Allgemein wird der Begriff Technologieregion als eine subnationale räumliche Einheit verstanden, welche eine überdurchschnittliche Wachstumsrate darstellt, eine hohe F&E-Intensität aufweist, sowie einen hohen Anteil von Akademikern unter den Mitarbeitern, einen hohe Neuheitsgrad der Produkte und

Dienste und eine enge Verbindung zu Universitäten und Forschungseinrichtungen aufweist (vgl. FROMHOLF-EISEBITH 2000, S. 4; STERNBERG 1995, S. 4f.).

Oxford wird hierbei als besonderer Standort untersucht, um herauszufinden, warum innovative Firmen aus der Technologiebranche externe Verbindungen, in diesem Falle zur Universität, pflegen und welche räumlichen Faktoren wichtig sind für regionalspezifische Verbindungen des Technologietransfers von Universitäten und Firmen, die sich in räumlicher Nähe befinden. Zunächst werden im nächsten Kapitel regionalwirtschaftliche Rahmenbedingungen in der Region abgesteckt. Im darauffolgenden Kapitel werden die maßgebenden Akteure in der Technologieregion Oxford dargestellt, sodass deutlich wird, welche Formen, Möglichkeiten und Barrieren es in der Interaktion zwischen diesen Akteuren gibt. Im vierten Kapitel wird sodann auf die messbaren Effekte der Universität auf die Technologieregion eingegangen. Hierbei werden wirtschaftsräumliche Prozesse dargestellt und analysiert, sodass in einem abschließenden Fazit ein Ausblick der Entwicklungen und die Herausforderungen der Zukunft deutlich werden.

2 Rahmenbedingungen zu den regionalwirtschaftlichen Wirkungsmöglichkeiten in der Technologieregion Oxford

Die in dieser Arbeit bearbeitete Region besteht aus der Stadt Oxford und der umliegenden Grafschaft Oxfordshire, welche südöstlich von London liegt (siehe Abb. 1)

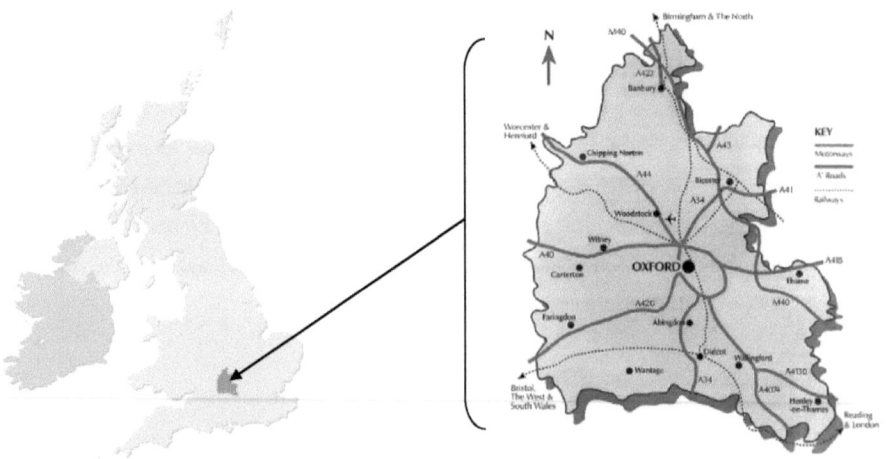

Abbildung 1: Oxford und Oxfordshire (Quelle: verändert nach FARLIE 2011, o.S.)

In Oxford leben 154.000 Menschen und die Kommune hat den höchsten Anteil von Studenten an der erwerbsfähigen Bevölkerung in Großbritannien mit 26 %. Es gibt nicht nur viele Studenten in Oxford, sondern auch viele Arbeitnehmer an der Universität. 50.000 der 107.000 Arbeitplätze sind in der Universität Oxford verortet und ein Drittel der Einwohner haben einen akedemischen Abschluss (vgl. OCC 2011, S. 2). Hier befinden sich zudem das Ballungszentrum der High-Tech Industrie in London und Südostengland.

Schon 1981 betrug der Arbeitnehmeranteil in der High-Tech Industrie in diesen Regionen 44% von allen Arbeitnehmern in diesem Sektor in Großbritannien. Diese Entwicklungen haben sich in den Achtzigern verstärkt und es kann seitdem von einer funktionalen interregionalen Unterscheidung von Aktivitäten gesprochen werden. In Südostengland wird eher die Expansion in Bereichen der Unternehmensleitungs-, Verwaltungs-, und Forschungsbereiche Unternehmen betrieben. Hieraus ergibt sich somit eine *„räumliche Arbeitsteilung"* (KEEBLE 1991, S. 23), sodass die Arbeitnehmer aus der Hochtechnologie im nationalen Durchschnitt eine höhere Qualifikation und haben und dadurch auch höheres Einkommen erhalten und nach Posten im Management, Forschung und im technischen Bereich streben oder diese ausfüllen (vgl. KEEBLE 1991, S. 23).

Neben der interregionalen Unterscheidung von Aktivitäten in der hochtechnologischen Industrie gibt es seit den Achtzigern auch eine intraregionale Dynamik. KEEBLE (1991, S. 23) spricht von einem „urban- rural shift". Mit diesem Ausdruck ist eine räumliche Verschiebung der Hochtechnologie-Beschäftigung und -Produktion von den großen Städten, wie London, in kleinere Städte, wie Oxford, gemeint. Zum einen liegt das am Lebensstil des hochqualifizierten Personals, welches Lebensqualität mit Naturnähe verbindet. Zum anderen ist die Verfügbarkeit von Personal mit hoher Qualifikation in räumlicher Nähe zu Universitäten und Forschungslaboratorien größer. Im Fall von Oxford ist außerdem die Nähe zur Hauptstadt mit ihren Oberfunktionen (bspw. Verortung eines internationalen Flughafens) ein weiteres Argument, sich in Oxford anzusiedeln (vgl. KEEBLE 1991, S. 24).

Oxford besitzt eine von industriegeprägte Vergangenheit, die in der Produktion von Decken, Lebensmitteln und Autos tätig war. Effekte einer früheren industriellen Vergangenheit wirkten in den Achtzigern in Oxfordshire zunächst hemmend auf eine neue industrielle Entwicklung, da eine unkontrollierte Verdichtung der Region befürchtet wurde. Diese Hemmnisse bestanden beispielsweise in Form von Planung- Restriktionen, welche im ‚Structure Plan' vorgeschrieben waren. Damit war die Vergabe von Räumlichkeiten für neue kommerzielle Vorhaben in der Stadt erschwert und neue technologiebasierte Aktivitäten verteilten sich im ländlichen Raum (vgl. GARNSEY U. LAWTON SMITH 1998, S. 40).

In diesem Kontext fimden in Oxfordshire die Universitäts-Unternehmens-Verbindungen statt, wo sie durch regionale wie auch nationale Umstände geprägt werden. Nationale Umstände werden zum Beispiel durch landesspezifische Unterschiede, wie industrielle Innovationen und Forschung in den Universitäten stattfinden können, beeinflusst (s. Kapitel 3.1). Regionale Rahmenbedingungen bestehen aus sozial, geographisch und historisch beeinflussten Mustern von innovativer Tätigkeit (vgl. LAWTON SMITH ET AL. 2000, S. 89).

In diesen oben beschriebenen regionalen Rahmenbedingungen hat sich heute eine hochtechnologische Wirtschaftslandschaft entwickelt. Die lokale Wirtschaft zeichnet sich durch eine hohe Aktivität von Forschung und experimenteller Entwicklung (F&E) aus. F&E wird folgendermaßen als "comprise creative work undertaken on a systematic basis in order to increase the stock of knowledge, including knowledge of man, culture and society, and the use of this stock of knowledge to devise new applications" (OECD 2002, S. 30) verstanden.

Weitere Facetten dieser hochtechnologischen Wirtschaftslandschaft stellen die international bekannte Universität Oxford und eine hohe Konzentration von einheimischen Hochtechnologie-Unternehmen von lokalen, oft akademischen Unternehmern in verschiedenen Sektoren dar. Hier sind zudem multinationale Forschungseinrichtungen, wie Sharp, Dow Elanco und Yamanouchi, angesiedelt. Die lokale, hochtechnologische Wirtschaft in Oxfordshire kann als aufstrebendes, hochtechnologisches Produktionssystem verstanden werden, welches im Laufe der Zeit die formellen, informellen, sowie auch die institutionellen Beziehungen beeinflusst hat und im europäischen Vergleich eine angesehene Position vertritt (vgl. LAWTON SMITH ET AL. 2000, S. 91).

Die Region Oxfordshire gewann 2006 den dritten EU ‚Award of Excellence in Innovation' und wurde mit diesem Preis für sein fortschrittliches Unterstützungsnetz für Innovationen ausgezeichnet (vgl. LAWTON SMITH U. HO 2006, S. 1557).

Innovationen sind

> *"the implementation of a new or significantly improved product (good or service), or process, a new marketing method, or a new organisational method in business practices, workplace organisation or external relations [....] The minimum requirement for an innovation is that the product, process, marketing method or organisational method must be new (or significantly improved) to the firm. This includes products, processes and methods that firms are the first to develop and those that have been adopted from other firms or organizations."*
> (OECD u. EUROSTAT 2005, S. 46).

Oxfordshire zählt heute zu den zehn am stärksten wachsenden Regionen in Europa, da dort der regionale BIP-Zuwachs im europäischen Vergleich sehr hoch ist (vgl. ENGLISH REGIONS NETWORK 2005, S. 49).

3 Die Akteure im Kontext der High-Tech Industrie

Innovationen sind von der Generierung von neuem Wissen und der Umformung von vorhandenem Wissen abhängig. Grundannahme ist hierbei, dass die Entstehung neuer Technologien von den Erfahrungen der beteiligten Akteure geprägt, aber auch durch deren Wissenshorizont eingeengt wird. Es handelt sich daher um einen arbeitsteiligen Prozess zwischen Forschungseinrichtungen und Unternehmen, welcher Rückkopplungsprozesse beinhaltet und von den regionalen und politischen Rahmenbedingungen mitgestaltet wird (vgl. BATHELT U. GLÜCKLER 2003, S. 39). Ein weiterer Grund für einen akteurszentrierten Ansatz besteht darin, Handlungen als Ursache für räumliche Strukturen erkennen zu können. Der Raum wird *„ein soziales, vom Menschen geschaffenes Konstrukt, das aus den Akteuren hervorgeht und gleichzeitig deren Aktionen beeinflusst"* (HAAS U. NEUMAIR 2007, S. 5). Um die Region und ihre Entwicklung eingehend darzustellen, stellt daher die Auseinandersetzung mit den Akteuren ein geeignetes Mittel dar.

Im Folgenden sollen daher nun die Interessen und Möglichkeiten von Forschungseinrichtungen, Unternehmen und politischen Akteuren verdeutlicht werden. Hierbei wurde der Schwerpunkt auf die Region Oxfordshire gelegt, da räumliche Nähe maßgeblich für die Schaffung neuen Wissens ist (vgl. BATHELT U. GLÜCKLER 2003, S. 39). Zudem beginnt die Darstellung der Akteurskonstellation vor allem in den achtziger Jahren. In diesem Zeitraum finden vermehrt Gründungen von akademischen Unternehmen statt. Die nationale Politik wendet sich verstärkt universitären Unternehmen und der Verwertung von Forschungsergebnissen. Und die Universität Oxford unternimmt erste Schritte in den Aufbau eines formellen und unterstützenden Umfelds für akademische Unternehmer (vgl. BAGCHI-SEN U. LAWTON SMITH 2011, S. 12).

3.1 Die Universität Oxford

Die in der Einleitung erwähnte Abnahme der Produktionstätigkeiten, bei gleichzeitiger starker Zunahme der Hochschulausbildung, hat die Rolle der Universität in der regionalen Wirtschaft gestärkt. Mittlerweile sind Universitäten das Herz von erfolgreichen Unternehmensclustern. Oxford ist hierfür als typisches Beispiel in Großbritannien zu sehen (vgl. LAMBERT 2003, S. 65).

In Oxfordshire gibt es neben der Universität Oxford zwei weitere Universitäten und sieben Forschungseinrichtungen (vgl. LAWTON SMITH U. HO 2006, S. 1557). Die Universität Oxford ist die älteste Universität in der anglophonen Welt. In 2005 belegte sie in zwei anerkannten globalen Rankings der Universitäten (Shanghai Jiao Tang Ranking und The Times Higher Educational Supplement Rankings) Spitzenplätze (siehe Abb. 2). Damit gehört Oxford, neben Cambridge, zu den einzigen europäischen Universitäten, die unter den globalen Top-20-Universitäten zu finden sind (vgl. LIBRARY 2006, S. 5ff.).

Table 2.1
World Leading Universities - 2005

Institution	Country	Shanghai Jiao Tong Ranking	Times Higher Ranking
Harvard University	US	1	1
University of Cambridge	UK	2	3
Stanford University	US	3	5
University of California - Berkeley	US	4	6
Massachusetts Institute of Technology	US	5	2
University of Oxford	UK	10	4

Abbildung 2: Repräsentative Universitäts-Ranking aus dem Jahr 2005 (Quelle: LIBRARY 2006, S. 17)

Warum ist die Universität so erfolgreich in internationalen Rankings? Nach LAWTON SMITH (2006, S.1558) arbeitet dort zum einen mehr akademisches Personal in Forschungsinstituten von Weltklasse, sogenannte ‚star scientists‘, als in jeder anderen Universität in Großbritanniens. Zum anderen steht die Universität im Ranking der besten Forschungseinrichtungen der Biomedizin auf dem dritten Platz, auf Basis der Zitationsquote pro Artikel und zuletzt festigt die Universität Oxford seinen Ruf als Zentrum der akademischen Exzellenz durch die Weiterentwicklung von interdisziplinären Forschungszentren.

In den achtziger Jahren wurde die Kommerzialisierung von Forschungsergebnissen zur Priorität und somit gründete die Universität in 1987 das TTO ‚Isis Innovation‘ (Isis). Dieses TTO gehört zu 100 % der Universität und leistet Netzwerkarbeit, um die Kontakte zwischen potenziellen Investoren und Spin-off-Unternehmen zu stärken (vgl. BAGCHI-SEN U. LAWTON SMITH 2011, S. 13). Näheres über Isis wird im Kapitel 3.4 dargestellt. Parallel zum Aufbau von Isis Innovation wird die Universität Oxford zum ersten Mal Hauptaktionär des Unternehmens ‚Oxford Glycosystems‘. Dieses Unternehmen entwickelt und produziert Produkte auf der Grundlage von Forschungsergebnissen der Universität Oxford. Um diesen Bereich des Netzwerkens stärker auszubauen, gründete die Universität Oxford in den neunziger Jahren die Oxford Innovation Society, die explizit Netzwerk-Veranstaltungen für Forscher und potenzielle Investoren veranstaltet. Statt für Forscher und deren Spin-offs nur den passenden Investor zu suchen, wird seit 2001 auch der Service für die Industrie im umgekehrten Sinne erbracht, sodass Unternehmen nun mit Hilfe von Isis den ‚passenden‘ Forscher finden können (vgl. BAGCHI-SEN U. LAWTON SMITH 2011, S. 12).

Neben den Bemühungen um den Technologietransfer und dem aktiv gestalteten Kontakt zur Industrie, verabschiedete die Universität Oxford 1995 *„the policy of claiming ownership of intellectual property"* (GARNSEY U. LAWTON SMITH 1998, S. 43). Somit ist das geistige Eigentum (englisch: Intellectual property, kurz: IP), die vom Personal und Studierenden der Universität generiert worden ist, geschützt und die Universität übernimmt nun die Verantwortung einer effizienten und leicht handbaren Verwertung der IP-Rechte (vgl. GARNSEY U. LAWTON SMITH 1998, S. 43). Unter IP werden Ideen, Informationen und Wissen verstanden. Im universitären Kontext ist IP das Ergebnis von Forschung. „'*Intellectual' because it is creative output; and "Property" because it is viewed as a tradable commodity"* (ISIS 2011, o. S.). Die Motivation des Schutzes von IP liegt darin, dass die Universität Oxford das IP der Mitarbeiter und Studenten der Universität selbst kommerziell verwerten kann. Das betrifft nicht nur Spin-offs, sondern auch Patente, Lizenzen sowie interne und externe Ressourcen (vgl. BAGCHI-SEN U. LAWTON SMITH 2011, S. 17).

Neben dem TTO und der Handhabung von IP, war die Universität Oxford zudem auch sehr an Forschungsförderungen von staatlicher Seite bemüht und erfolgreich. Diese staatlichen Förderungen werden für die Unterstützung des Austausches zwischen Industrie und Universität ausgegeben. Die Universitäten können diese Zuwendungen zum Unterhalt für ihr TTO, die Unterstützung von spin-offs und anderer unternehmerischer Projekte nutzen. Ein Spin-off ist eine *"technology-based company founded by a member/former member of a university or [...] laboratories using IP developed in the institution by the founding individual(s)"* (LAWTON SMITH U. HO 2006, S. 1559f.). Tabelle 1 zeigt die Verteilung von den drei umfangreichsten Forschungs- Förderungen und die fünf Universitäten, die von 2000 bis 2001 jeweils den größten Förderumfang erhalten haben. Hierbei wird deutlich, dass es große Übereinstimmung der Förderungsempfänger auf den drei Listen gibt (vgl. LAMBERT 2003, S. 82f.).

Tabelle 1: Mittelvergabe aus verschiedenen Förderprogrammen der britischen Regierung
(Quelle: verändert nach LAMBERT 2003, S.82)

Table 6.1: Distribution of research funding in England for QR funding, Research Council grants and industrial research grants and contract income

	QR funding, Higher Education Funding Council for England	Research Council Grants	Industrial research grants and contracts
1	Oxford	Cambridge	Imperial College
2	University College London	Oxford	Oxford
3	Cambridge	University College London	Cranfield
4	Imperial College	Imperial College	Nottingham
5	King's College London	Manchester	The Open University
6	Manchester	Southampton	Cambridge
7	Birmingham	Birmingham	King's College London
8	Leeds	Sheffield	University College London
9	Sheffield	Leeds	Southampton
10	Bristol	Nottingham	Leeds
11	Southampton	Bristol	Birmingham
12	Nottingham	King's College London	Loughborough
13	Newcastle-Upon-Tyne	UMIST	Sheffield
14	Liverpool	Leicester	Manchester
15	Warwick	Liverpool	Newcastle-Upon-Tyne

Die Universität Oxford wurde bisher oft durch diese Fonds gefördert, sodass die Drittmittel-Aktivitäten fortwährend ausgebaut werden konnten. In 2001 erwarb die Universität Oxford beispielsweise Fördermittel aus dem SEC, um OxSEC innerhalb der Said Business School aufzubauen. Im OxSEC soll die unternehmerisch ausgerichtete Ausbildung in den Bereichen des „*teaching entrepreneurship, knowledge transfer and links to business*' (BAGCHI-SEN U. LAWTON SMITH 2011, S.16)

8

verstärken. Diese neuen Lehrgänge sind offen für lokale Unternehmer, Hochtechnologie-Firmen und Mitglieder der Universität. OxSEC entwickelte sich und wurde zusätzlich noch durch HEIF2, HEIF3 und Forschungseinnahmen finanziert, sodass es mittlerweile fünf Festangestellte gibt, die sich mit Isis, dem Begbroke Science Park und weiteren lokalen Organisationen, wie The Oxford Trust, austauschen. Die Lehrgänge des OxSEC werden immer stärker wahrgenommen. So haben in 2001 rund 900 Teilnehmer am Angebot teilgenommen, während in 2005 und 2006 über 3200 Teilnehmer waren. Zwei Jahre später hat sich die Teilnehmerzahl verdoppelt. Folglich hat es ein Umdenken innerhalb der Universität gegeben, da zunehmendes Interesse an unternehmerischen Aktivitäten festgestellt werden kann (vgl. BAGCHI-SEN U. LAWTON SMITH 2011, S. 17).

Universitäten, wie die Universität Oxford, befinden sich heute in einer neuen Rolle. Sie sind nicht nur Zentrum des akademischen Lernens, sondern nun auch Zentren für forschungsbasierte industrielle Tätigkeiten (vgl. LAWTON SMITH ET. AL. 2000, S. 1;BAGCHI-SEN U. LAWTON SMITH 2011, S. 1). Von diesen Tätigkeiten wurde auch die Entwicklung in der Computer und Elektronikindustrie, sowie auch die Biotechnologie beeinflusst. Mitte der achtziger Jahre kam es zu einem starken Anstieg von Firmengründungen in diesen Bereichen, die in Oxford maßgeblich von der Universität Oxford mitgestaltet wurden (vgl. GARNSEY U. LAWTON SMITH 1998, S. 39f.).

Universitäten beeinflussen allerdings nicht nur durch ihre Spin-offs die ökonomische Entwicklung in der Region, sondern auch durch die Auszahlung von Löhnen und Serviceleistungen. Und letztendlich fördert die universitäre Forschung lokale Wissens-Spillover, welche zu regionalen Innovations-Prozessen führen (vgl. BAGCHI-SEN U. LAWTON SMITH 2011, S. 3).

Die Universität Oxford kann daher Wohlstand in die Region bringen, doch verfolgt sie, als World Class University, nicht per se regionale Ziele (vgl. GARNSEY U. LAWTON SMITH 1998, S. 49). Sie übt allerdings ihre Aufgaben im Technologietransfer, dem Informationstransfer, dem Personaltransfer, der Weiterbildung und der Spin-off-Gründung im regionalen, wie aber auch nationalen und internationalen Kontext aus (vgl. FROMHOLD-EISEBITH 1992, S. 46).

3.2 Die High-Tech Industrie

Für die Branche und die Unternehmen der High-Tech Industrie gibt es keine einheitliche Definition. In England lässt sich die High-Tech Industrie durch mindestens vier Charakteristika beschreiben. Erstens bestehen schnelle Produktveränderungen, die zu kürzeren Produkt-Lebenszyklen führt. Zweitens wächst die Marktnachfrage sehr schnell in diesem Sektor. So haben sich Mikroelektronik und Computer sehr schnell in der westlichen Welt in den Achtzigern etabliert und sind seitdem in allen Lebensbereichen zu finden. Drittens ist die wissenschaftliche Forschung und Entwicklung sehr wichtig für die High-Tech Industrie. Die Verortung von Personal aus diesen Bereichen stellt einen wichtigen Standortfaktor da. Viertens wird die High-Tech Industrie in Großbritannien durch eine *„jüngere koorperative Umstrukturierung"* (KEEBLE 1991, S. 22) charakterisiert. Das zeigt sich dahingehend, dass große, multinationale, als auch kleine, einheimische Unternehmen in den Achtzigern stark expandierten (vgl. KEEBLE 1991, S. 22.). Zumeist handelt es sich hierbei um die Sektoren der Elektronik-, Halbleiter- und Computerindustrie, Luft- und Raumfahrt, Bio- und Medizintechnik, sowie Teile des Maschinen-, Anlagen- und Instrumentenbaus, als auch der Chemischen Industrie. Servicebereiche wie Software-Programmierung und Consultingfirmen können auch dazugezählt werden (vgl. FROMHOLD-EISEBITH 1992, S. 14).

Ende der Achtziger begann die Etablierung der technologiebasierten Industrie in Oxford. Die Gründung neuer forschungs- und ingenieursbasierter Unternehmensformen verlief in gemäßigten Schritten und entwickelte sich im regionalen Kontext ohne größere räumliche Nähe, aufgrund der oben genannten Planungs-Restriktionen. Dennoch war die Universität Oxford in 1987 Ursprung für ungefähr 50 Unternehmen geworden, die entweder von Lehrkräften Fachkräften oder Absolventen gegründet worden waren. Die meisten dieser Spin-offs waren zu diesem Zeitpunkt in der Produktion tätig. Zeitnah begannen sich auch langsam die Branchen der Computer-Softwares und F&E-intensive Unternehmen zu formieren. Demnach stieg das Interesse am Technologietransfer in der Universität Oxford und Isis Innovation wurde, wie oben beschrieben, 1988 gegründet (vgl. GARNSEY U. LAWTON SMITH 1998, S. 43).

Die wichtigen Standortfaktoren für den Hochtechnologie-Sektor sind *„Nähe zu führenden Universitäten und sonstige Forschungseinrichtungen, die Existenz von Technologieparks und Gründerzentren, das Vorhandensein von Risikokapitalfonds, enge Beziehung zwischen Universitäten und Unternehmen"* (BATHELT U. GLÜCKLER 2003, S. 225).

Unternehmen siedeln neben Universitäten, um zudem auch hochqualifizierte Hochschul-Absolventen akquirieren zu können. Durch den Austausch zwischen Mitarbeitern der Universitäten, Alumni und Studierende ergibt sich für die Industrie die Möglichkeit eines frequentierten Transfers von Forschungsergebnissen (vgl. BATHELT U. GLÜCKLER 2003, S. 140). Die Produktion wird mit gesättigten Märkten und limitierten Ressourcen konfrontiert und muss sich daher stets weiterentwickeln, um Kosten und Ressourceneinsatz zu senken. Gleichzeitig besteht eine größere Dynamik in Bezug auf die Produkt-Lebenszyklen, Wissen veraltet schneller und somit werden neue Anforderungen an die Arbeitskräfte gestellt. Daher ist es für die Unternehmerschaft unumgänglich eine enge Verbindung mit Forschungseinrichtungen zu unterhalten, um die Generierung von Innovationen und Humankapital zu beeinflussen und wirtschaftsstrukturelle Gegebenheiten müssen dem Fächerkanon der Uni entsprechen, damit Transferaktivitäten per TTO oder persönliche Kontakte fruchten können (vgl. FROMHOLD-EISEBITH 1992, S.54f.).

Gerade für junge Unternehmen ist es von Vorteil universitäre Einrichtungen, wie Labore oder Rechenzentren nutzen zu können. Ein weiterer Vorteil bieten die Weiterbildungsmöglichkeiten an der Universität für die Mitarbeiter des Unternehmens und gleichzeitig wird auch Personal der Universität als Experte im Unternehmenskontext eingesetzt. Andersherum gibt die räumliche Nähe Fachkräften aus der Industrie als Privatdozenten im Lehrbetrieb teilzunehmen. Für die Industrie spielt die Universität vor allem als Ausbildungsanstalt eine wichtigere Rolle, als in der Funktion einer Forschungseinrichtung (vgl. FROMHOLD-EISEBITH 1992, S. 46ff., BATHELT U. GLÜCKLER 2003, S. 140).

Neben qualifiziertem Personal, braucht ein Unternehmen auch günstige Büro- und Flächenangebote, Verkehrsinfrastruktur, internationale und nationalen Luftverkehr sowie auch ein passendes Kapitalangebot an seinem Standort. Weiche Standortfaktoren stellt ein hoher Wohn- und Freizeitwert, historisches Flair, Kulturangebot, Arbeitsmöglichkeiten im nicht-High-Tech-Bereich für Partner der Mitarbeiter, naturräumliche Ausstattung dar. Dies sind Ansprüche, die selten vollständig gegeben sind, aber dennoch die Idealvorstellungen des Unternehmens an den Standort darstellen (vgl. FROMHOLD-EISEBITH 1992, S. 60).

Des Weiteren gibt es eine betriebsgrößenbezogene Differenzierung in Bezug auf die Nutzung des universitären F&E-Potentials: Je größer das Unternehmen ist, umso weniger wird das F&E-Potenzial der Universität genutzt, da die Unternehmen die F&E-Aktivitäten durch eigene Kapazitäten abdecken können. Große Unternehmen agieren meist auf großen, internationalen Märkten und stehen daher stärker unter Konkurrenzdruck und sind daher „fortgesetzten F&E-Anforderungen ausgesetzt"(FROMHOLD-EISEBITH 1992, S. 57). Kleine Unternehmen sind dahingegen kaum in der Lage ihre finanziellen Kapazitäten und Mitarbeiter für den Austausch mit der Universität aufzuteilen (vgl. FROMHOLD-EISEBITH 1992, S. 57).

Die Unternehmensstruktur in der Hochtechnologie-Branche wird heute maßgeblich durch die Bereitstellung von Raum in Science Parks beeinflusst. Schon in 2008 hatte Oxfordshire mehr Science Parks als jede andere Grafschaft in Großbritannien. Beispielsweise gibt es seit 1991 den Oxford Science Park und seit 2000 den Begbroke Science Park der Universität Oxford, welche Räumlichkeiten für Spin-offs der Universität und lokale Start-ups bereitstellen (vgl. BAGCHI-SEN U. LAWTON SMITH 2011, S. 15).

Unternehmen von Akademikern stehen an der Schnittstelle zwischen Universität und Regierung dar. Der Universität bringen sie Prestige und Einkommen, während die Regierung von Vermögensbildung und der Schaffung von Arbeitsplätzen profitiert (vgl. LAWTON SMITH U. HO 2006, S. 1554).

3.3 Politik

In 1964 wollte Ministerpräsident Harold Wilson die britische Wirtschaft „*in the white heat of techno-logy*' modernisieren. Mehrere aufeinanderfolgende konservative Regierungen entwickelten schließlich 15 Jahre später ein Paradigma, dass die Universitäten als vermögensbildenden Faktor etablierte. Die Labour Regierungen griffen dieses Paradigma wieder auf und erweiterten die Förderungen für Forschung an Universitäten, in Unternehmen und in Universitäts-Unternehmens-Verbindungen. Wie in Tabelle 2 zu sehen ist, wurden schrittweise verschiedene Förderungsfonds, wie zum Beispiel der ‚Higher Education Innovation Fund' (HEIF), der 'Science Enterprise Fund' (SEC) und der 'University Challenge Fund' (UCF) implementiert (vgl. BEGCHI-SEN U. LAWTON SMITH 2011, S.14f.).

Tabelle 2: Förderungsprogramme der britischen Regierung für Universitäten
(Quelle: BEGCHI-SEN U. LAWTON SMITH 2011, S. 14)

Year	Initiative	Purpose	Details
1998	Higher Education Reach out to Business and the Community (HEROBaC)	Funding to support activities to improve linkages between universities and their communities	£20 million per year allocated to provide funding for the establishment of activities such as corporate liaison offices
1999	University Challenge Fund (UCF)	Seed investments to help commercialisation of university IPR	£45 m was allocated in the first round of the competition in 1999, (with 15 funds being set up) and £15 million in October 2001. 57 HEIs now have access to this funding
1999	University Science Enterprise Centres (SEC)	Teaching entrepreneurship to support the commercialisation of science and technology	SEC initially provided £28.9 million in 99/00 for up to 12 centres. Additional funding of £15 million increased the number of HEIs participating to 60
2001	Higher Education Innovation Fund 1	Single, long-term commitment to a stream of funding to "support universities' potential to act drivers of growth in the knowledge economy"	HEIF was launched in 2001 to bring together a number of previously independently administered third stream funding sources. This was then extended (HEIF2) in 2004 with £185 m awarded

Förderung von Transferaktivitäten fallen unter Wirtschafts-, Forschungs- und Regionalpolitik. Forschungsinstitutionen stehen hierbei immer mehr im Fokus, da diese die Konkurrenzfähigkeit gegenüber anderen Nationen stärkt. „*Interdependenzen der wirtschafts- mit den forschungs- und technologiepolitischen Zielen von Bund und Ländern sind die Konsequenz*" (FROMHOLD- EISEBITH 1992, S. 4). Insbesondere Schlüsseltechnologien, wie Informations- und Biotechnologie, Fertigungs- und Lasertechnik, stehen hierbei für die Politik im Mittelpunkt (vgl. FROMHOLD- EISEBITH 1992, S. 4f.). Seit den späten neunziger Jahren ist die Förderung von geschäftsnaher Forschung Teil der politischen Agenda in Großbritannien. Infolgedessen verfügen fast alle Universitäten im Jahr 2000 über ein TTO. Zeitgleich begann die Zahl der Spin-offs in Großbritannien stark zu zunehmen. Die dritte HEBI Untersuchung zeigt, dass durchschnittlich 70 Spin-off Unternehmen pro Jahr gegründet worden sind. In den folgenden Zeiträumen waren es 203 in 1999/2000, 248 in 2000 bis 2001 und 213 in 2001 (vgl. LAWTON SMITH U. HO 2006, S. 1557).

Seit 2000 wurde diese Strategie dahingehend erweitert, dass öffentlich geförderte Forschungseinrichtungen ähnliche Anreize gegeben werden, um sich stärker kommerziell zu orientieren. 2001 wurden in diesem Kontext der ‚Public Sector Research Fund' mit einem Umfang von £ 25 Mio. eingerichtet (vgl. LAWTON SMITH U. HO 2006, S. 1557).

Maßgeblich bei der Entwicklung ihres unternehmerischen Profils waren für die Universität Oxford die staatlichen Förderungen. Dadurch konnte die Universität eine „Innovation Structure" (BAGCHI-SEN U. LAWTON SMITH 2011, S. 17) entwickeln, welche Bewusstsein, Ausbildungen und Lehre, unterstützenden Service und vermögensbildende Strategien umfasst. Ein Nachweis für diese erstarkende „Innovation Structure" ist beispielsweise die zunehmenden Teilnehmerzahlen in den Lehrgängen der ‚OxSEC' (s. Kapitel 3.1) (vgl. BAGCHI-SEN U. LAWTON SMITH 2011, S. 17). Neben der Innovation Structure wurde auch die strategische Ausrichtung der Universität Oxford durch Fördergelder geprägt, die die Etablierung von Isis und dem ‚Begbroke Science Park' ermöglichten (vgl. BAGCHI-SEN U. LAWTON SMITH 2011, S. 17).

Neben den Fördermitteln durch den Staat gelten auch die Ausgaben für die nationale Verteidigung seit den achtziger Jahren als Hauptstimulant der Entwicklungen in der Hochtechnologie-Branche Großbritanniens (vgl. BAGCHI-SEN U. LAWTON SMITH 2011, S. 2).

3.4   Formen, Möglichkeiten und Barrieren

Die Anfänge der Gestaltung des Kontaktes zwischen der Universität und der High-Tech Industrie liegen in 1980, als das ‚Oxford Commitee on Patents' vorschlägt, dass die IP-Rechte und die Verantwortung der kommerzialisierten Anwendung von Forschungsergebnissen den jeweiligen Angestellten der Universität gehören. Dieser Vorschlag gründete vor allem auf Überlegungen der Haftung. Dadurch konnte die Universität indirekt die Vorteile durch die Nutzung der IP abschöpfen. Um allerdings direkte Vorteile für die Universität erzielen zu können, wurde Mitte der achtziger Jahre von der Universität Oxford ein Verbindungsmann zur Industrie eingesetzt. Allerdings bestand die Intention dieser Schritte wieder darin, dass die IP-Rechte geschützt werden sollten. Ein fruchtbarer Austausch mit der Industrie spielte zu diesem Zeitpunkt keine Rolle. Der Fokus lag noch auf der Kontaktaufnahme und -pflege (vgl. GARNSEY U. LAWTON SMITH 1998, S. 42f.).

Die Institutionalisierung der Kontaktpflege und letztendlich des Wissenstransfers zwischen Universität und Industrie wurde in Form von Isis, das TTO der Universität Oxford durchgeführt. Seit seiner Gründung ist Isis vor allem für die Lizenzvergabe von IPs, die Spin-offs der Universität und das Management Oxford Innovation Society verantwortlich. Die ‚Oxford Innovation Society' bestand aus Mitgliedern, zumeist multinationale Unternehmen, die einen Einblick in die Technologie-Entwicklung erhalten wollten (vgl. GARNSEY U. LAWTON SMITH 1998, S. 43).

Zwar wurde ‚Isis Innovation' 1988 gegründet, doch erst 1997 durch die Leitung des erfolgreichen Unternehmers Dr. Cook wurde Isis die treibende Kraft für die Kommerzialisierung von universitären Forschungsaktivitäten. Unter anderem vergrößerte er Isis, sodass dort 2006 die höchste Beschäftigtenzahl, im Vergleich zu allen Universitäten in Großbritannien, in der Vermarktung vorhanden war. Eine weitere Aufgabe von Isis besteht darin staatliche und private Förderung für Spin-off-Aktivitäten zu akquirieren (vgl. LAWTON SMITH U. HO 2006, S.1559). Im Jahr 2003 wird Isis von dem britischen Wirtschaftsministerium zum besten TTO Großbritanniens ernannt (vgl. BAGCHI-SEN U. LAWTON SMITH 2011, S. 13).

Ein Beispiel für ein erfolgreiches Lizenzgeschäft ist der Fall von ‚Hymatic Engineering'. Das Institut für Ingenieurswissenschaft hatte eine neue Technologie für das Kühlen von Satellitensensoren entwickelt. Hymatic ist eines der wenigen Unternehmen auf der Welt, welches die technischen Möglichkeiten hat, diese neue Technologie in der Produktion von Kühlungssensoren einzusetzen. Somit konnte durch die Anwendung jener Technologie ein Kühler mit einer sehr langen Lebensdauer auf dem Markt etabliert werden. Außerdem hat das Unternehmen diese Technologie weiterentwickeln können, sodass eine neue Form von tragbaren Detektoren für die Überwachung von nuklearen Substanzen in Häfen benutzt werden kann. Für Hymatic bedeutete diese Erwerbung der neuen Technologie mit Hilfe einer Lizenz zusätzliche Erträge von £6 Mio. zwischen 2001 und 2006 (vgl. LAMBERT 2003, S. 60).

Eine weitere Form der Interaktion zwischen Industrie und Universität stellt der ‚Oxford Science Park' dar. 1991 wird der ‚Oxford Science Park', im südlichen Teil der Stadt Oxford, gegründet. Die Immigration von Tochter-Unternehmen und die Etablierung von neuen Firmen durch nach innen gerichtete Investitionen wurden größtenteils in forschungsbasierten Aktivitäten angesiedelt. Neuankömmlinge sind beispielsweise japanische Firmen, wie Sharp, oder amerikanische Unternehmen, wie Dow Elanco. Die Branchen der Kryogenik, der Biotechnologie und des Motorsports wachsen dort stetig und sorgen für steigende Arbeitsplatzzahlen (vgl. GARNSEY U. LAWTON SMITH 1998, S. 44).

4 Regionalwirtschaftliche Merkmale in der Technologieregion Oxford

4.1 Bewertung der Unternehmens-Universitäts-Interaktion durch die Unternehmer

Zwischen 1995 und 1996 gaben 75 % der befragten Firmen an, dass sie in Verbindung mit einer Universität und/oder Forschungseinrichtung stehen. Die Form des Kontaktes wird meist in Form von Kooperationsprojekten oder durch die Beratung eines Mitarbeiters der Universität gestaltet. Einige Besonderheiten der Region Oxfordshire lassen sich im Vergleich mit Cambridgeshire aufzeigen (s. Tab. 3). In Oxfordshire gibt es stärkeren Kontakt zu Forschungseinrichtungen, als zur Universität. Eine bedeutende Zahl von ortsansässigen Lehrkräften sitzt im Vorstand von Unternehmen und weitaus öfter werden Lizenzen oder Patente von Erfindungen aus der Universität vergeben, als es in Cambridgeshire der Fall ist (vgl. LAWTON SMITH ET AL. 2000, S.93f.).

Tabelle 3: Vergleich der Formen der Interaktion zwischen Firmen in Oxfordshire und Cambridgeshire und Universitäten (Quelle: LAWTON SMITH ET AL. 2000. S. 93)

	Oxford (% of sample)	Cambridge (% of sample)
Academics on board	11 (22)	6 (12)
Collaborative projects with universities	16 (32)	14 (28)
Collaborative projects with government research labs	12 (24)	3 (6)
Part-time secondment by academics	9 (18)	7 (14)
Research consortia or clubs	4 (8)	5 (10)
University staff acting as consultants	15 (30)	12 (24)
Licensing or patenting university inventions	10 (20)	2 (4)
Training programmes run by the university	6 (12)	2 (4)
Other	6 (12)	4 (8)
Total	29 (58)	19 (38)

In einer Befragung von LAWTON SMITH ET AL. (2000, S.94) wurde herausgefunden, dass in der Region Oxfordshire der Kontakt zur Universtät und zu Forschungseinrichtungen, wie auch der Kontakt zu den Kunden als die wichtigsten, externen Quellen für Innovationen auf nationaler und internationaler Ebene genannt werden (s. Tab. 3).

Tabelle 4: Kontakteformen als Ursprung von Innovation für Unternehmen (Quelle: LAWTON SMITH ET AL. 2000. S.94)

	Within the region (%)*	Within the rest of the UK number (%)	Outside the UK number (%)
Within firm	48 (96)		
Within organisation	10 (48)	14 (56)	13 (52)
Suppliers of standardised components	5 (11)	13 (31)	11 (27)
Suppliers of customised components	7 (16)	16 (32)	14 (33)
Clients or customers	12 (26)	33 (69)	35 (75)
Competitors	5 (11)	16 (27)	26 (56)
Consultancy firms	3 (7)	6 (14)	3 (7)
Universities/gov labs	15 (32)	23 (51)	16 (36)

*Percentages given are of numbers of firms that replied to that question, not of the total sample, i.e. the valid percentage of a maximum of 50 cases.

Dementsprechend wird auch der Kontakt zur Universität Oxford als „*very important*" oder sogar „*extremely important*" von den Unternehmen bewertet. Die lokalen Informationsbedingungen in Oxfordshire sind folglich dahingehend spezifisch ausgeprägt (siehe Tab. 5) (vgl. LAWTON ET AL. 2000, S. 94f.).

Tabelle 5: Bewertung der Vorteile durch den Kontakt zur Universität Oxford für den Erfolg von Unternehmen (Quelle: verändert nach LAWTON ET AL. 2000. S. 95)

Importance of links	Oxford number (%)*
Not at all important	1 (2)
Of slight importance	2 (4)
Of significant importance	10 (20)
Very important	11 (22)
Extremely important	11 (22)
Total	35 (100)

*As a percentage of all firms with university links.

4.2 Sektoren

Die Abbildung 3 zeigt, dass es im Untersuchungszeitraum 2004 bis 2005 acht Branchen gibt, in denen vor allem die technologiebasierten Spin-offs aufgetreten sind. Passend zum biomedizinischen Forschungsschwerpunkt der Universität Oxford agieren viele Spin-offs im biotechnologischen (mit 29 Spin-offs) und pharmazeutischen (mit 16 Spin-offs) Bereich (vgl. LAWTON SMITH U. HO 2006, S. 1562).

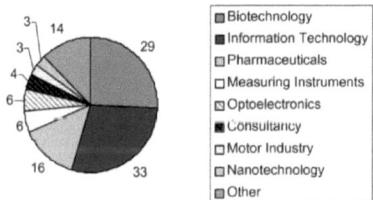

Abbildung 3: Spin-offs in Oxford aufgeteilt nach Sektoren (Quelle: LAWTON SMITH U. HO 2006, S. 1562)

Die Universitäts-Unternehmens-Verbindung scheint einen verstärkenden Effekt auf lokale Innovationsaktivitäten in Bezug auf das Sektoren-Profil zu haben (vgl. LAWTON SMITH ET AL. 2000, S. 98). Ein erfolgreiches Beispiel eines Spin-offs aus dem Sektor der Biomedizin hat Anfang der neunziger Jahre stattgefunden. Damals kam es zur verstärkten Aktivität der Universität Oxford in Bezug auf Spin-offs in der Biotechnologie-Branche. 1991 wurde das Unternehmen ‚Oxford Asymmetry', an dem die Universität 10% der Anteile besitzt, gegründet. ‚Oxford Asymmetry' stellt chemische Inhaltsstoffe für Pharmazie-Unternehmen her, die diese wiederum für die Herstellung von Medikamenten benötigen. 1998 waren die Anteile der Universität ungefähr £ 5 Mio.. Dieser lokale Effekt wird durch die Interaktion zwischen technologischem Wandel und nationaler, wie auch internationaler Unterstützung der Forschung in Oxford verstärkt (vgl. GARNSEY U. LAWTON SMITH 1998, S. 48).

4.3 Arbeitsplätze

Zwischen 1994 und 2002 fand in Oxfordshire ein steter Anstieg der Arbeitnehmerzahlen statt und der Anzahl von Spin-offs stieg von 15 Unternehmen in 1994 auf 56 Unternehmen in 2002 (s. Abb. 4).

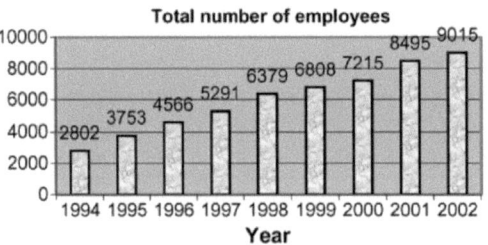

Abbildung 4: Entwicklung der Arbeitnehmerzahlen in den Jahren 1994 bis 2002
(Quelle: LAWTON SMITH U. HO 2006, S. 1562)

In 2003 arbeiteten in Oxfordshire dann insgesamt 1400 Hochtechnologie-Firmen mit 37.000 Arbeitnehmern. Das sind 12 % der regionalen Erwerbsbevölkerung. Damit hat Oxfordshire im Vergleich zu allen anderen Bezirken die dritthöchste Beschäftigtenrate in der Branche der Hochtechnologie (prozentual zur gesamten Erwerbsbevölkerung gesehen) (vgl. LAWTON SMITH U. HO 2006, S. 1557). 2008 waren insgesamt 3.500 Unternehmen der Hochtechnologie-Branche in Oxfordshire mit 4.500 Arbeitnehmern tätig. Ungefähr 14 % der regionalen Erwerbsbevölkerung arbeiteten zu diesem Zeitpunkt in 12 % der Unternehmen in Oxfordshire (BAGCHI-SEN U. LAWTON SMITH 2011, S. 13).

Zwischen 1991 und 2000 war Oxfordshire, prozentual gesehen, der am schnellsten wachsende Bezirk in Bezug auf die Beschäftigtenrate im Hochtechnologie-Sektor. In Zahlen heißt dass, dass nach der OECD-Definition von Hich-Tech Industrie die Zuwachsrate bei 161,7 % lag. Auf Grundlage diesen Wertes erhielt Oxfordshire seine zweite Auszeichnung der EU, den ‚Excellence Award for Innovation‘ (vgl. LAWTON SMITH U. HO 2006, S. 1558).

Die wachsende Zahl von Hochtechnologie-Unternehmen und die wachsende Rate der Erwerbstätigen in diesem Bereich, könnten eine Erklärung für den steigenden Einfluss durch lokale Absolventen-Rekrutierung sein und sorgen somit für eine stärkere Annäherung zwischen der Universität und der Wirtschaft. 2004 blieben 32,62 % der Absolventen der Universität Oxford in der Region. Allerdings neigen auch viele der Absolventen dieser Universität dazu, einen weiteren Abschluss an eben dieser Universität zu erlangen (vgl. BAGCHI-SEN U. LAWTON SMITH 2011, S.18).

Durch maßgebliche Geschäfts- und Hochschul-Investitionen in F&E und dem Aufbau einiger international wichtigen, wissensintensiven Cluster, hat der Südosten Großbritanniens sich gute Voraussetzungen für Wachstum in der Hochtechnologie-Branche geschaffen. Außerdem liegen die Kommunen mit den größten Wachstumsraten in der Hochtechnologie-Produktion und Hochtechnologie-Dienstleistungen vor allem im ‚golden triangle' der forschungsorientierten Universitäten, welches zwischen Oxford, Cambridge und London zu verorten ist (vgl. LAMBERT 2003, S.75).

Tabelle 6: Arbeitsplätze und deren Entwicklung in der High-Tech Produktion und High-Tech Dienstleistungen (Quelle: LAMBERT 2003, S.75)

Table 5.4: High-tech manufacturing and services employment and growth

Employees in high-tech manufacturing and services			Growth in employees in high-tech manufacturing and services	
1991-2000	% of all employees	Number	1991-2000	% growth
1 Berkshire	21.3	94,000	Oxfordshire	82.5
2 Cambridgeshire	15.3	51,650	Berkshire	64.6
3 Oxfordshire	15.2	48,000	Wiltshire	40.6
4 Warwickshire	15	32,750	Cambridgeshire	28.9
5 Hertfordshire	14.7	72,950	Buckinghamshire	26.9
6 Buckinghamshire	14	47,800	Surrey	24.2
7 Cheshire	13.9	61,800	East Sussex	18.1
8 Wiltshire	13.9	38,650	Shropshire	15.1
9 Bedfordshire	13.5	30,000	Greater London	14.7
10 Surrey	13.1	73,950	Nottinghamshire	13.1
England	10.4	2.26m	England	3.8

4.4 Patentaktivität und Lizenzen

Die Patentaktivität ist ein Indikator für die technologische Innovationsfähigkeit eines Unternehmens (vgl. LAWTON SMITH U. HO 2006, S. 1565) Wird eine Innovation patentiert, können Lizenzen zur Nutzung des Patents vergeben werden. Isis verantwortet die Lizenzvergabe von IP, welche im Kontext der Universität Oxford entstanden ist (vgl. LAMBERT 2003, S. 60).

Doch ist die Patentaktivität nur schwer untersuchbar, da sie nur innerhalb Großbritanniens vergleichbar ist, und die Patentaktivität lediglich nur die angemeldeten Patente, unabhängig davon, ob sie gewerblich genutzt werden, dargestellt (vgl. FROMHOLD-EISEBITH 2011, S. 7). Wird eine Innovation nicht patentiert, ist sie weder in der Statistik über die Patentaktivität noch in der Statistik der Lizenzvergabe zu finden. Da zumindest eine regionale Vergleichbarkeit in Bezug auf die Lizenzvergabe gegeben ist, wird sie an dieser Stelle auch angebracht.

Oxford hat bis 2003 insgesamt mehr Lizenzen, also IP, auf den Markt gebracht, als jede andere Universität in Großbritannien. Lizenzen stellen für die Industrie den Vorteil dar, dass sie ohne eigenen Forschungsaufwand Zugang zu neuen Technologien erhalten. Diese führen wiederum zu neuen Produkten und Dienstleistungen und somit bezwecken diese Technologien höhere Erträge und Zuwachs an Arbeitsplätzen (vgl. LAMBERT 2003, S. 60).

4.5 Spin-offs

Wie in Abb. 5 zu sehen ist, kann für den Zeitraum 1994 bis 2002 festgestellt werden, dass die meisten Spin-offs in Oxfordshire aus der Universität Oxford hervorgegangen sind. Während wenige Unternehmen aus den anderen Universitäten in Oxfordshire entstammen, sind es umso mehr aus staatlichen Forschungseinrichtungen.

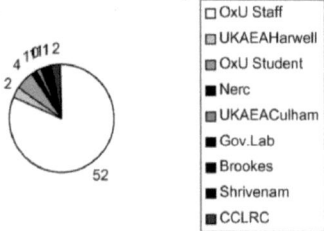

Abbildung 5: Herkunft von Spin-offs (Quelle: LAWTON SMITH U. HO 2006, S. 1561)

Untersucht man die Zahl der Unternehmensgründungen langfristig, so fällt der oben genannte Abschnitt in die Phase mit der höchsten Zahl an Unternehmensgründungen seit den fünfziger Jahren. Mehr als ein Drittel der Unternehmen wurden zwischen 1998 und 2004 gegründet (s. Abb. 6).

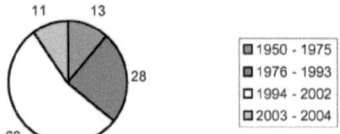

Abbildung 6: Einteilung der Unternehmen in Oxford je nach Gründungszeitpunkt
(Quelle: LAWTON SMITH U. HO 2006, S. 1561)

Das liegt zum einen am Umschwung in der staatlichen Förderungspolitik unter der Labour Regierung und zum anderen nahm der Technologietransfer eine neue Rolle an der Universität Oxford ein (vgl. LAWTON SMITH U. HO 2006, S. 1562). Diese hohe Rate an Neugründungen hängt mit der 5. Kondratieff-Welle zusammen, welche maßgeblich durch die Entwicklungen in der Biotechnologie und in den Informations- und Kommunikationstechnologien (ICT) bedingt ist. Eine weitere Konsequenz der Kondratieff-Welle ist der Ausbau von physischer Infrastruktur und der dazugehörigen Unterstützung der lokalen Hochtechnologie-Industrie (vgl. BAGCHI-SEN U. LAWTON SMITH 2011, S. 17). Somit wurde auch die Überlebensrate der Unternehmen gestützt, da diese mit 90 % sehr hoch einzustufen ist. Erstens, weil sie nach Lawton Smith und Ho (2006, S. 1562) „*well above the national 3-*

year firm survival rate" liegt und zweitens, wegen des inhärenten Risikos von Projekten der neuen Technologien. Unternehmen, die fusioniert haben oder aufgekauft worden sind, stellen hier bei dieser Beobachtung eine Mischform dar. Zwar sind sie nicht mehr als das ‚ursprüngliche' Unternehmen wahrzunehmen, aber ihre Substanz überlebt in anderer Form. Nichtsdestotrotz wurden sie bei der Berechnung der Überlebensrate nicht einbezogen (vgl. LAWTON SMITH U. HO 2006, S. 1562).

Die Qualität der Spin-offs von Universitäten kann sehr unterschiedlich sein und kann daran gemessen werden, ob das jeweilige Spin-off externes, privates Beteiligungskapital anzieht, weil somit das Interesse des Marktes an dem neuen Unternehmen gezeigt wird. Die Universität Oxford hat von 1997 bis 2003 für 95 % der Spin-offs privates Kapital anziehen können (vgl. LAMBERT 2003, S. 61). Demnach kann den Spin-offs der Universität Oxford ein großes Interesse privater Investoren und somit auch eine hohe Qualität zugesprochen werden.

4.6 Anziehung auswärtiger Investoren und Unternehmer

Die Universität Oxford und die Qualität und Dichte von lokalen High-Tech- Unternehmen haben als positiven Standortfaktor den Zustrom von externen Unternehmen verstärkt. Mitte der neunziger Jahre wurde daher eine ökonomische Entwicklungsstrategie verabschiedet, die auf wissensintensive Aktivitäten ausgerichtet war. Während große Unternehmen zusätzliches Kapital und internationale Expertise in die Region bringen, konkurrieren sie in dieser auch um die limitierte Auswahl an Experten. Der Mangel an Schlüsselfertigkeiten und Managementkompetenzen stellen in Oxford die größten Probleme der lokalen Unternehmen dar. Die Präsenz neuer, auswärtiger Unternehmen kann zu Überfüllung jeglicher Infrastruktur führen, wenn nicht ausgleichende Maßnahmen getroffen werden. Die Gründe für das Ermutigen von Wachstum von einheimischen Unternehmen beinhaltet lokale Kontrolle über Unternehmensstrategien und dessen lokalen Einfluss, durch welchen Externe davon abgehalten werden den lokalen Markt zu dominieren (vgl. GARNSEY U. LAWTON SMITH 1998, S. 49).

5 Fazit

5.1 Zusammenfassung und Schlussfolgerung

Die vorliegende Arbeit hat sich in vier Kapiteln dem Thema Technologieregion Oxford gewidmet. Der Umfang der regionalwirtschaftlichen Rahmenbedingungen in Oxfordshire wurde in Form eines historischen Abrisses und anhand der Darstellung von regionalen und interregionalen Dynamiken, sowie dem aktuellen Stand der Technologieregion Oxford als hochtechnische Wirtschaftslandschaft herausgestellt.

In den letzten 30 Jahren haben die drei Hauptakteure, Universität, Industrie und Politik, verschiedene Entwicklungen in ihren Rollen erlebt und ihre ganz eigene Motivation im Zusammenspiel mit den anderen Akteuren entwickelt. Die Universität Oxford nimmt ihre neue unternehmerische Rolle wahr, schützt ihr IP und gestaltet den Kontakt mit der Industrie und der Politik sehr aktiv. Die High-Tech Industrie erwartet von der Universität potenzielle Mitarbeiter, innovative Forschungsergebnisse, die in Form von Lizenzen für die Industrie zugänglich gemacht werden. Gleichzeitig stellt die Industrie auch Ansprüche an harte und weiche Standortfaktoren, die die Politik stark beeinflussen kann. Aktuell steht die Förderung der High-Tech Industrie und forschungsorientierter Universitäten ganz oben auf der Agenda. Diese sichert Großbritannien im internationalen Vergleich eine herausragende Stellung in der Forschung und Technik, vor allem im europäischen Kontext. Diese drei Akteure treffen sich in verschiedener Form in TTOs, im Umgang mit Fördermitteln und Science Parks. Doch ist die Interaktion nur nicht nur von Fortschritten und Motivation geprägt, sondern auch durch verschiedene Barrieren, die in der Technologieregion Oxford zumeist von Isis bewältigt werden können. Die regionalwirtschaftlichen Auswirkungen dieser Akteursformation lassen sich anhand verschiedener Parameter festhalten. Die Industrie legt großen Wert auf den Austausch mit der Universität Oxford und verfolgt wie diese auch den Schwerpunkt im Sektor der Biomedizin. Spätestens seit den neunziger Jahren werden mehr und mehr Unternehmensneugründungen in Form von Spin-offs verzeichnet und dementsprechend steigt auch die Zahl der Arbeitsplätze. Diese Entwicklungen finden soweit Zuspruch, als das sich auch auswärtige Investoren und Unternehmen in der Technologieregion Oxford ansiedeln und investieren.

Zusammenfassend wird in Großbritannien die Universität-Unternehmens-Interaktion durch verschiedene Förderungsmöglichkeiten unterstützt, damit unternehmerische Tätigkeiten zunehmen. Im Fall der Universität Oxford wird dadurch eine zunehmende Zahl von Spin-offs ermöglicht, die mit den geschäftlichen Fähigkeiten von Isis zusammenhängen und von der aktuellen politischen Agenda geprägt werden. Durch den institutionellen Wandel in Form von Institutionalisierung des Technologietransfers und dem gleichzeitigen Auftreten von staatlicher Förderung, erfährt die Technologieregion eine positiv bewertbare wirtschaftliche Entwicklung.

5.2 Ausblick

Eine Gruppe, die sich i10 nennt, versucht Entwicklungen herbeizuführen, um eine Achse Cambridge-Oxford zu implementieren. Hierbei sollen High-Tech-Center in Hertfordshire und Bedfordshire, die Universität in Cranfield und Stevenage's historisches Ingenieurs Cluster einbezogen werden (vgl. KELLY 2004, S. 3). Diese Idee wird auch im CAMBRIDGE CLUSTER REPORT (2007, S .24f.) aufgegriffen, indem vorgeschlagen wird, ein Supercluster in Süd-Ost-England durch die Verbindung von Cambridge, London, Reading und Oxford zu gründen. Dieses Cluster würde somit ein Fünftel soviel institutionelle Zuwendungen als das Silicon Valley erhalten und wäre daher eher fähig ein ähnliches Ausmaß von Innovationsaktivitäten wie das Silicon Valley zu erreichen (vgl. TCCR 2007, S. 24f.).

Die Regierung wird in Zukunft weiterhin eine wichtige Rolle bei der Gestaltung der Verbindung zwischen Universitäten und Unternehmen spielen, sodass die Rahmenbedingungen für dieses neue Gefüge den Anforderungen der teilnehmenden Akteure entsprechen werden. Insbesondere regionale Entwicklungsagenturen können bei der Intensivierung dieser Verbindungen stärker unterstützen, indem die Vertragsbedingungen für IP weiterhin vereinfacht werden (vgl. LAMBERT 2003, S. 2).

5.3 Herausforderungen

Die Gefahr der Job-Polarisation, sowie ethische Interessen und ökologischen Bedürfnissen wurden noch nicht ausreichend bedacht. Selektive Immigrations-Strategien, die Arbeitnehmer in den Bereichen der Forschung und Entwicklung bevorzugen, können zu sozialen Spannungen führen. Gleichzeitig wird im Bereich der Produktion die Zahl der Arbeitsplätze limitiert und schränkt damit die Auswahl von Multiplikatoren ein, die, für die nächste Jobgeneration eine angemessene Auswahl von Fähigkeiten in der Produktion und im Service entwickeln kann. So müssen ‚neue' Kompetenzen, die in den aufstrebenden und neuen Industrien gefragt sind, entwickelt und verbreitet werden, um eine umfassende zukunftsfähige Entwicklung auch im Bereich der Arbeitnehmerschaft zu gewährleisten. Dieses Thema, sowie auch eine öffentliche Diskussion über die Kosten und Vorteile eines wissensbasierten industriellen Wachstums stehen noch aus. Diese Entwicklungen, die durch verschiedene politische Ressorts unterstützt werden, können lokale Kosten und ungleichverteilten Nutzen mit sich bringen. Im Kontext dieser ökonomischen Entwicklungen müssen Wirtschaft und die Kommune zukünftig stärker zusammenarbeiten (vgl. GARNSEY U. LAWTON SMITH 1998, S.49f., BAGCHI-SEN U. LAWTON SMITH 2011, S.18).

6 Literaturverzeichnis

BAGCHI-SEN S. U. S. LAWTON SMITH (2011): The research university, entrepreneurship and regional development: Research propositions and current evidence, Entrepreneurship & Regional Development, DOI:10.1080/08985626.2011.592547.

BATHELT, H. U. J. GLÜCKLER (2003): Wirtschaftsgeographie. Ökonomische Beziehungen in räumlicher Perspektive. Stuttgart.

CASTELL, M. U. P. HALL (1994): Technopoles of the World. London.

ENGLISH REGIONS NETWORK (2005): Regional Futures: England's Regions in 2030. Final Report. London.

FROMHOLD-EISEBITH, M. (1992): Wissenschaft und Forschung als regionalwirtschaftliches Potenzial. Maas-Rhein-Institut. Aachen.

FROMHOLD-EISEBITH, M. (2000): Technologieregionen in Asiens newly industrialized Countries. Münster, Hamburg, London (= Wirtschaftsgeographie Band 18)

FROMHOLD-EISEBITH, M. (2011): Patente – ein geeigneter Indikator für Innovativität? Aus der 3. Vorlesung im Modul „Industrie und Innovation" vom 24.10.2011, Folie 7

GARNSEY, E. U. H. LAWTON SMITH (1998): The high-tech race: Oxford vs. Cambridge. In: Local Economy, Bd. 13, H.1, S. 39-50.

HAAS, H.-D. U. S.-M. NEUMAIR (2007): Wirtschaftsgeographie. Darmstadt.

ISIS INNOVATION (ISIS)(2011): Information für Oxford Researchers. Online unter: http://www.isis-innovation.com/researchers/ip.html (abgerufen am 19.11.2011).

KEEBLE, D. (1991): "High-Tech Industry" in Großbritannien und das "Cambridge-Phänomen". In: Geographische Rundschau, Bd. 43, H. 1, Seite 21-25.

KELLY, J. (2004): Spin out doctors: Is the Cambridge phenomenon about to be revived: And if so, can the pitfalls of the last boom be avoided. In: THE GUARDIAN (02. März 2004).

LAMBERT, R. (2003): Lambert Review of Business-University Collaboration. Final Report. Online unter: http://www.lambertreview.org.uk. Zuletzt abgerufen am: 26.06.2010.

LAWTON SMITH, E. ET AL. (2000): University-business interaction in the Oxford and Cambridge regions. In: Tijdschrift voor Economische en Sociale Geografie, Bd. 92, H.1, S. 88-99.

LAWTON SMITH, E. U. K. HO (2006): Measuring the performance of Oxford University, Oxford Brookes University and the government laboratories`spin-off companies. In: Research Policy. H. 35, S. 1554-1568.

OECD (2002): Frascati Manual. London.

OECD u. EUROSTAT (2005): Oslo Manual. Oslo.

OXFORD CITY COUNCIL (OCC) (2011): Oxford Profile 2012. Online unter:
http://www.oxford.gov.uk/Direct/OCCKeyfacts2012web.pdf (abgerufen am 04.12.2011)

SLAUGHTER, S. u. L. LESLIE (1999): Academic Capitalism: Politics,Policies, and the
Entrepreneurial University. Baltimore.

THE LIBRARY HOUSE LTD. (2006): The Impact of the University of Cambridge on the UK
Economy and Society. Cambridge.

THE LIBRARY HOUSE LTD. (2007): Looking Inwards, Reaching Outwards. The Cambridge
Cluster Report – 2007. Cambridge.